U0321794

千奇百怪鱼类

焦庆锋 主编

辽宁美术出版社

图书在版编目（CIP）数据

千奇百怪．鱼类 / 焦庆锋主编．— 沈阳 : 辽宁美术出版社 , 2024.7

ISBN 978-7-5314-9377-8

Ⅰ．①千… Ⅱ．①焦… Ⅲ．①科学知识－少儿读物②鱼类－少儿读物 Ⅳ．① Z228.1 ② Q959.4-49

中国版本图书馆 CIP 数据核字 (2022) 第 238230 号

出 版 社：辽宁美术出版社
地　　址：沈阳市和平区民族北街 29 号　　邮编：110001
发 行 者：辽宁美术出版社
印 刷 者：河北松源印刷有限公司
开　　本：889mm × 1194mm　1/20
印　　张：6
字　　数：100 千字
出版时间：2024 年 7 月第 1 版
印刷时间：2024 年 7 月第 1 次印刷
责任编辑：张　畅
封面设计：宋双成
版式设计：邱　波
责任校对：郝　刚
书　　号：ISBN 978-7-5314-9377-8
定　　价：38.00 元

E-mail：lnmscbs@163.com
http：//www.lnmscbs.cn
图书如有印装质量问题请与出版部联系调换
出版部电话：024-23835227

本书图片来源于壹图网、高品图像

目录

MULU

一起认识鱼

淡水鱼类

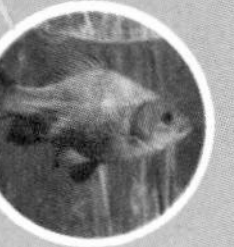

海洋鱼类

目录

MULU

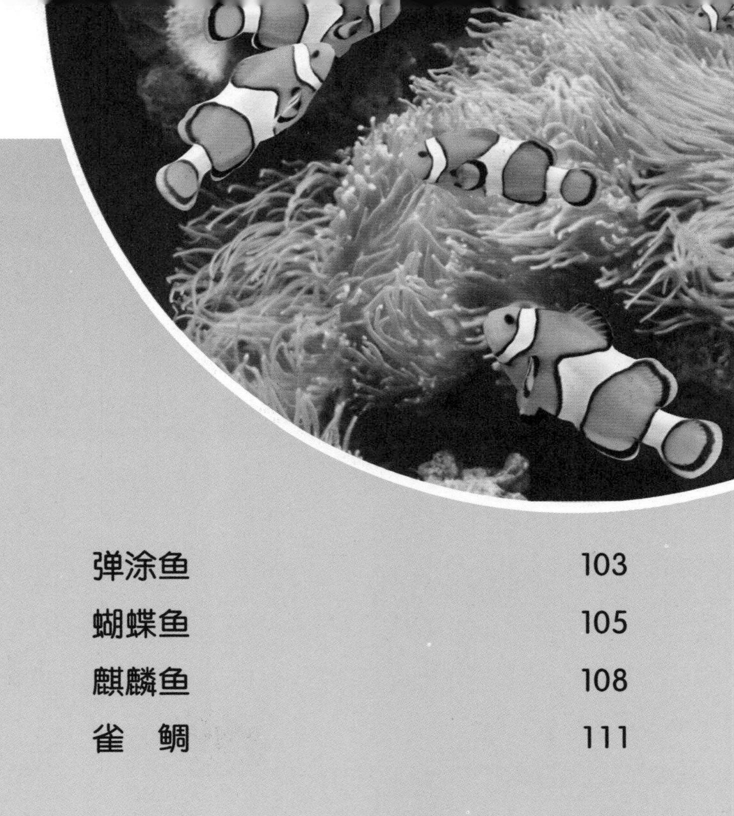

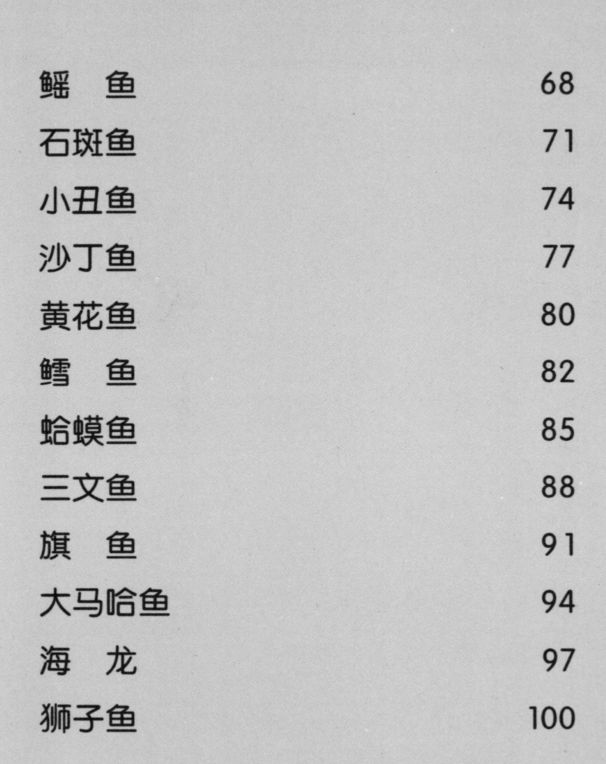

一起认识鱼

什么是鱼

对于鱼，你一定不陌生。金鱼是鱼，鲨鱼也是鱼，但鲸鱼和鳄鱼却不是鱼。鱼类都是脊椎动物，一般分为圆口纲、软骨鱼纲、硬骨鱼纲三大类。

水中生活

鱼没有水不能生存，正如人类没有氧气不能生存一样。非洲肺鱼在枯水期会钻到泥土中休眠，直到重新有水。

鱼类档案

主　题	鱼
涉及内容	繁殖、孵化、成长

卵生繁殖

大多数鱼类是卵生的，卵细小如植物种子。但也有少数是卵胎生，也就是在鱼体内孵化，因而生出来就是小鱼。

产卵地点

为了保证幼鱼能够顺利孵化出来，鱼会选择不同的地方产卵。常见的地方有水中、草上、石下、公鱼腹下、自建泡巢等。

幼鱼长大

有些鱼会保护它们的卵和幼鱼，待幼鱼长大后，也会组建家庭，寻找配偶并繁殖后代。

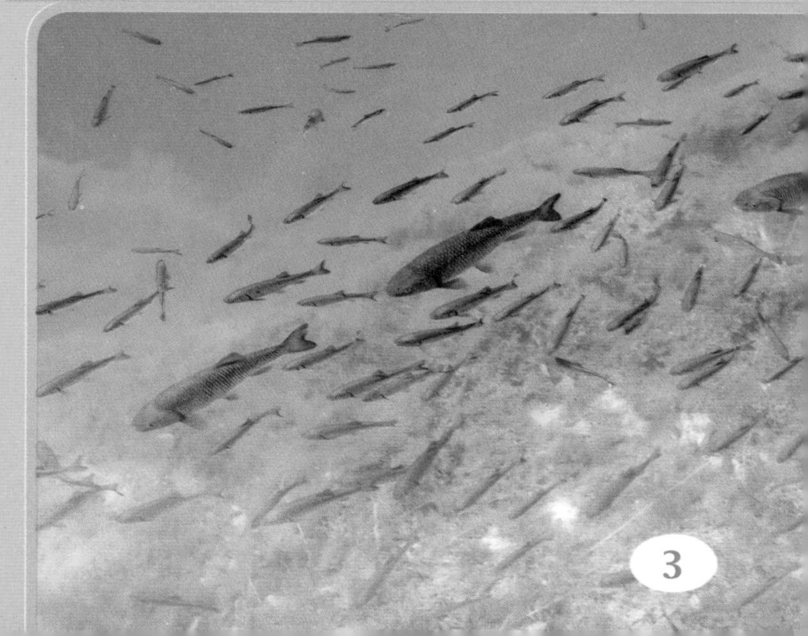

特殊的身体

从外形上看，鱼的身体大致分为头部、躯干、尾部三部分。因为它没有颈部，所以头不会转动，依靠尾部和鳍进行运动。

鱼鳔

鱼鳔是鱼身体里一个可以充气的袋子。有了它，鱼就能够调整自己浮力的大小，从而在水中毫不费力地“漂浮”。

鱼类档案

主　题	鱼的身体
涉及内容	鱼鳔、鱼鳃、鱼鳞、鱼鳍

鱼鳃

鱼鳃是硬骨鱼特有的呼吸器官，位于鱼的头部。硬骨鱼就是通过鳃获取水中的氧气，并排出二氧化碳。

鱼鳞

鱼鳞是大多数鱼类体表的皮肤衍生物。从外表上看是透明的，像花瓣，边缘微卷，有白色光泽，质地坚硬。

鱼鳍

大部分鱼类靠鱼鳍在水中游动和保持平衡。鱼鳍通常分为五类：胸鳍、腹鳍、背鳍、臀鳍和尾鳍，少数鱼还有脂鳍。

鱼类家族

全世界鱼的种类有3.1万余种。可分为圆口纲、硬骨鱼纲和软骨鱼纲三大类。

分类依据

鱼类分类鉴定的主要依据是以形态结构为主,结合生理、遗传、生态、行为、地理等因素。

鱼类档案

主　　题	鱼的分类
涉及内容	圆口纲、硬骨鱼纲、软骨鱼纲
最繁盛的鱼类群体	海洋鱼类

圆口纲

圆口纲是最原始的鱼类。这类鱼没有能开合的上下颌，身体为圆筒形，裸露无鳞。骨架全为软骨，没有偶鳍。

硬骨鱼纲

硬骨鱼纲中鱼类的骨骼比较坚硬，体形通常为纺锤形，多为卵生繁殖，鱼鳍比较全，有鱼鳃和鱼鳔。

软骨鱼纲

软骨鱼纲中鱼类的骨架由软骨组成。它们的脊椎部分虽然骨化，但缺乏真正的骨骼。

淡水鱼类

终身栖息于江河、湖泊、水库等淡水中的鱼类。世界上的淡水鱼有9900余种，占全球鱼类的31.9%。

海洋鱼类

海洋鱼类约有1.2万种，是最繁盛的鱼类群体。从赤道到两极，从海岸到海底，海洋鱼类世界丰富多彩。

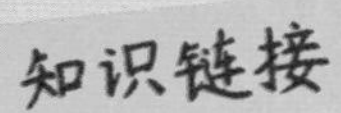

海洋鱼类开发

1975年在山东胶州湾畔发掘的古墓，证实了中国远在新石器时代即能捕捞鳓鱼、梭鱼、黑鲷等多种海洋鱼类。

生存技巧

鱼类五花八门,无奇不有。当它们遇到危险时,施展的绝招也千奇百怪,十分有趣。

刺间藏身

海胆的针刺是幼小鲷鱼藏身的地方。这些刺不仅长而尖,而且有毒。待在这里,鲷鱼感觉特别安全。

鱼类档案

主　　题	生存技巧
涉及内容	躲藏、反击、伪装、放毒

带刀防身

刺尾鱼的尾柄上有着纤细而坚硬的硬棘，像刀一样锋利。受到攻击时，它这把“小刀”会给敌人造成深痛的伤害。

伪装之术

叶须鲨头部边缘密布树杈般的“胡须”，趴在海床上就像是一块长满了海草的石头，所以人们很难发现它。

放毒警告

鱼也能用毒保护自己。狮子鱼背部的鳍棘具有毒素，会给攻击者带来极度的疼痛，让敌人不敢来招惹它。

淡水鱼类

中华鲟

中华鲟是硬骨鱼纲鲟科的鱼类。体长可达5米，体重可达560千克，故有“长江鱼王”之称。

形态特征

中华鲟身体呈亚圆筒形，头尖吻长，体表覆盖五行大而硬的骨鳞，尾鳍为歪尾形。

食性特征

中华鲟是底栖鱼类，属于以动物性食物为主的肉食性鱼类，主要以一些小型或行动迟缓的底栖动物为食。

栖息环境

中华鲟生活于大江和近海中。喜栖息于沙砾底质的江段，分布于长江、珠江、闽江、钱塘江、南海和东海。

草 鱼

草鱼是鲤科，属鱼类，俗称有：鲩、油鲩、草鲩等。草鱼和鲢鱼、鳙鱼、青鱼一起，构成中国“四大家鱼”。

起源史

中国科学家推测草鱼起源于约3000万年前中国西部的一种肉食性鱼类，现代草鱼则于约530万年前的上新世已经形成。

鱼类档案

成年体长	1冬龄至5冬龄从340毫米到780毫米
分布地区	中国、俄罗斯和保加利亚
所属分类	硬骨鱼纲

养殖史

草鱼已经有1700多年的养殖历史。真正实现全人工养殖是从1958年“四大家鱼”被人工繁殖成功后开始。

生活习惯

草鱼是平原、河流、湖泊中典型的草食性鱼类。性活跃，游动快，常成群觅食。草鱼也吃一些荤食，如蚯蚓、蜻蜓等。

分布范围

自然分布于中国、俄罗斯和保加利亚。在中国主要分布于长江、珠江和黑龙江三个水系。

营养价值

草鱼虽然普通，却是暖胃、平肝祛风、温中补虚的养生食品，因鱼肉中含有丰富的硒元素，经常食用可以养颜。

知识链接

“拓荒者”

草鱼因能清除水中及沿岸的草而被称为“拓荒者”。有时渔民会将草鱼在外放养一二年，用来开荒除草。

鲤 鱼

鲤鱼，别名鲤拐子、鲤子。鲤科中粗强的褐色鱼。原产于亚洲，后被引入欧洲、北美洲以及其他地区，食性杂。

鱼类档案

成年体长	40厘米—50厘米
分布地区	亚洲、欧洲、北美洲等
所属分类	硬骨鱼纲

生活习性

鲤鱼属于底栖杂食性鱼类，荤素兼食。冬季基本处于半休眠停食状态，春季再摄食高蛋白食物以补充冬季消耗的脂肪。

体态特征

身体侧扁而腹部圆，口呈马蹄形，须2对。背鳍和臀鳍均有一根粗壮带锯齿的硬棘。体侧为金黄色，尾鳍下叶为橙红色。

分布范围

鲤鱼平时多栖息于江河、湖泊、水库、池沼等水草丛生的水体底层。分布在亚洲、欧洲、北美洲等地。

人工培育

人工培育的鲤鱼品种很多，如红鲤、锦鲤、火鲤、芙蓉鲤、荷包鲤等。体态颜色因品种不同而各不相同。

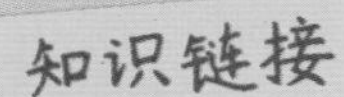

鲤鱼在美国泛滥

美国在引进鲤鱼后，由于缺少天敌，导致鲤鱼在美国泛滥成灾，成为当地的入侵物种。

崇鲤文化

鲤鱼是我国流传最广的吉祥物。“鲤鱼跃龙门”的美好传说让人们在鲤鱼身上寄托望子成龙的期盼。

泥　鳅

泥鳅是一种淡水鱼，形体较小，体形圆，皮下有小鳞片，浑身沾满黏液，不易被人抓住。

鱼类档案

成年体长	10厘米—15厘米
分布地区	浅水多淤泥环境水域的底层
所属分类	硬骨鱼纲

体态特征

泥鳅身体呈亚圆筒形，上部呈灰褐色，下部呈白色，体侧有不规则的黑色斑点，尾鳍有黑色大斑，其他各鳍斑点略少。

生活习性

昼伏夜出，适应性强。水中缺氧时，会跃到水面进行肠呼吸。水池干涸时会潜入泥中，只要有少量水分保持身体湿润，它们就能存活。

栖息环境

泥鳅栖息于河流、湖泊、沟渠、水田、池沼等各种浅水多淤泥环境水域的底层。适宜的生活水温为10℃—32℃。

营养价值

泥鳅肉质鲜美，富含蛋白质还有多种维生素。泥鳅还含一种类似EPA的不饱和脂肪酸，可以保护血管。

食性特征

泥鳅是杂食性鱼类。体长5厘米以下的泥鳅苗主要摄食动物性饵料，以后逐渐变为杂食性鱼类，几乎无所不食。

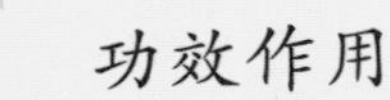

知识链接

功效作用

泥鳅被称为“水中人参”，特别适宜身体虚弱、脾胃虚寒、营养不良、体虚盗汗者食用。

翘嘴鱼

翘嘴鱼体形细长，侧扁，呈柳叶形，一张凸出而翘起的大嘴格外引人注目，这也正是它得名的原因。

鱼类档案

养殖2龄鱼体重	2千克—3千克
分布地区	中国平原水系
所属分类	硬骨鱼纲

生活习性

翘嘴鱼喜欢在河湾、湖湾、港汊等浅水、缓流、水草多、昆虫多的水域活动。觅食以视觉为主，嗅觉很灵，见饵就抢。

生长特性

翘嘴鱼生长迅速，体形较大，最大个体可超过15千克。人工养殖的鱼苗，一周年达0.6千克—1千克，两周年可达2千克—3千克。

体态特征

翘嘴鱼的头背面平直，头后背部隆起，眼大而圆，鳞小，前部略向上弯。体背为浅棕色，体侧则为银灰色。

食性特征

野生翘嘴鱼是以活鱼为主食的凶猛肉食性鱼类，鱼苗期以浮游生物及水生昆虫为主食，50克以上的翘嘴鱼主要吞食小鱼小虾。

经济价值

翘嘴鱼为大型经济鱼类，数量较多。其肉洁白鲜嫩，营养价值较高，有“淡水鰣鱼”之称，鲜食和腌制都适合。

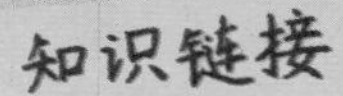
知识链接

生存环境

翘嘴鱼为广温性鱼类，生存水温为0℃—38℃，适应性与抗病力极强，生存水体可大可小，抗逆性强，病害较少，耐低氧。

电　鳗

电鳗在淡水鱼类中放电能力最强，输出的电压可达300伏—800伏，因此被叫作“水中高压线”。

鱼类档案

成年体长	2米左右
分布地区	热带及温带地区水域
所属分类	硬骨鱼纲

生活习性

电鳗在江河湖泊中生长发育，常昼伏夜出，喜欢流水、弱光、穴居。具有很强的溯水能力，其潜逃能力也很强。

外形特征

电鳗身体呈圆柱形，无鳞，灰褐色。背鳍、尾鳍退化，尾占身体全长近4/5，尾下缘有一长形臀鳍，是主要的游泳器官。

食性特征

电鳗常在夜间捕食，食物中有小鱼、蟹、虾和水生昆虫，也食动物腐尸。摄食强度以春、夏两季最高。

放电原因

电鳗放电主要是出于生存的需要。因为电鳗要捕获水生生物，放电就是它获取猎物的一种手段。

放电能力

电鳗所释放的电量能轻而易举地击毙比它小的动物，有时还会击毙比它大的动物，如涉水的马和牛也会被它击昏。

知识链接

放电原理

电鳗的发电器分布在身体两侧的肌肉内，身体的尾端为正极，头部为负极，电流是从尾部流向头部。

金鱼

金鱼是由野生红黄色鲫鱼演化而来，一般体短而肥，有四叶尾鳍，形态多变，品种繁多。

鱼类档案

成年体长	5厘米—30厘米
分布地区	亚洲、欧洲等
所属分类	硬骨鱼纲

头部变异

金鱼品种繁多，有些品种头部上端有肉瘤，有些品种鼻部上方有绒球，有些品种眼部凸出、位置朝上或有水泡，还有的鳃盖外露形成翻鳃。

基本简介

金鱼品种很多，颜色有红、橙、紫、蓝、古铜、墨、银白、五花、透明等，种类分文种、金鲫种、龙种、蛋种四类。

生活习性

金鱼性情温和，寿命在6年左右，也有较长的。金鱼是杂食偏肉食性的淡水鱼类，可以吞食较硬的饵料。

鱼鳞特点

金鱼躯干布满鳞片，主要有正常鳞、透明鳞和珍珠鳞。不同品种金鱼的侧线上鳞、下鳞和侧线鳞数目不尽相同。

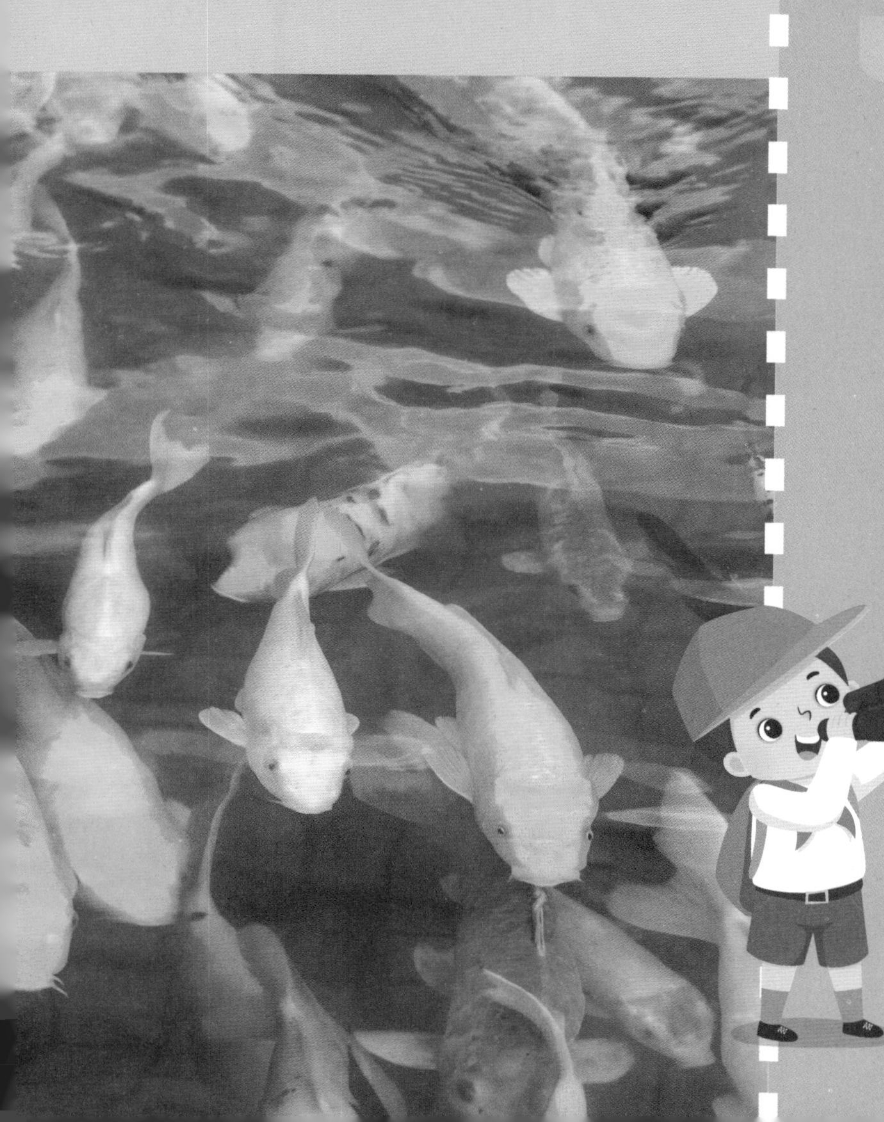

尾鳍颜色

金鱼有的尾鳍的颜色和体色一致，有的体色红但尾鳍白，有的红色尾鳍边缘镶有白边，有的红色尾鳍边缘镶有黑边。

知识链接

饲养水质

金鱼饲养有“养鱼先养水”的经验之谈。保持水的清洁，调节水温，增加水中氧气，才能有利于金鱼的生长发育。

鳊 鱼

鳊鱼，又名长身鳊，也是三角鲂、团头鲂（武昌鱼）的统称。因其肉嫩味美而成为中国主要淡水养殖鱼类之一。

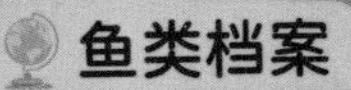

鱼类档案

成年体长	约50厘米
分布地区	中国各地江河、湖泊中
所属分类	硬骨鱼纲

体态特征

鳊鱼体侧扁而高，呈菱形，头后背部急剧隆起。体背部为青灰色，两侧为银灰色，腹部为银白色，体侧鳞片灰白相间。

栖息环境

鳊鱼生活于江河、湖泊中，平时栖息于底质为淤泥并长有沉水植物的敞水区中下层，冬季喜在深水处越冬。

食性特征

鳊鱼为草食性鱼类，以苦草、轮叶黑藻、眼子菜等水生维管束植物为主要食料，也喜欢吃陆生禾本科植物和菜叶。

药用价值

鳊鱼具有补虚、益脾、养血、祛风、健胃之功效，可以预防贫血症、低血糖、高血压和动脉血管硬化等疾病。

生长特点

鳊鱼生长速度较快，其中1—2龄生长最快。在水草较丰盛的条件下，1龄鱼体重可达100克—200克；2龄鱼体重可达300克—500克。

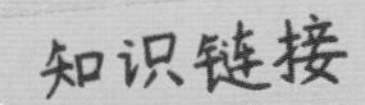

营养价值

鳊鱼肉质鲜嫩且含脂量高。每100克含蛋白质21毫克，脂肪6.9克—8克，热量92千卡，钙120毫克，磷165毫克，铁1.1毫克。

鲇　鱼

鲇鱼须子细长飘逸，游动时姿态优美，是绘画的好题材。

鱼类档案

成年体长	0.4米—1.5米
分布地区	池塘、河川等淡水水域
所属分类	硬骨鱼纲

体态特征

鲇鱼周身无鳞，体表多黏液，头扁口阔，上下颌各有4根胡须，体色通常呈黑褐色或灰黑色，略有暗云状斑块。

繁殖特点

在自然环境中，鲇鱼繁殖季节为4月–7月，适宜产卵水温为9℃–30℃。卵产出后就黏附在水草上，孵出的鱼苗常分散生活。

生活习性

鲇鱼主要生活在江河、湖泊、水库、坑塘的中下层，白天多隐于河坑或树根下，夜晚觅食。入冬后不食而潜伏。

神仙鱼

神仙鱼性格文静、泳姿潇洒、宜混养，被誉为“热带鱼皇后”，适宜水温为26℃—32℃。

鱼类档案

成年体长	12厘米—15厘米
分布地区	原产南美洲的圭亚那、巴西
所属分类	硬骨鱼纲

其他美称

神仙鱼背鳍和臀鳍长而大，挺拔如三角帆，故有“小鳍帆鱼”之称。从侧面看神仙鱼游动像燕子翱翔，所以又称“燕鱼”。

体形特征

神仙鱼头小而尖，体侧扁，呈菱形。腹鳍演化成的触须长如流苏，尾柄短，上下端延长，胸鳍无色透明。

钻石神仙鱼

钻石神仙鱼眼睛呈鲜红色，体色银白，体表的鱼鳞变异为一粒粒的珠状，在光线照射下散发出钻石般迷人的光泽，非常美丽。

金头神仙鱼

金头神仙鱼背鳍挺拔高耸，臀鳍宽大，腹鳍是两根长长的丝鳍，全身为银白色，只有头顶呈金黄色，因而得名。

三色神仙鱼

三色神仙鱼是由斯卡神仙鱼培育出的人工变种，体色相较原始种有了极大的变化，非常美丽，是经典的传统观赏鱼类。

知识链接

虎皮鱼

虎皮鱼经常喜欢啃咬神仙鱼的臀鳍和尾鳍，为了保持神仙鱼的安全，还是尽量避免将神仙鱼和虎皮鱼混合饲养。

乌 鳢

乌鳢俗称黑鱼。其生性凶猛，胃口奇大，常能吃掉某个湖泊或池塘里的其他所有鱼类，甚至不放过自己的幼鱼。

鱼类档案

成年体长	1—3冬龄为14.2厘米—32厘米
分布地区	长江流域以及黑龙江一带等
所属分类	硬骨鱼纲

分布范围

国内长江流域至黑龙江流域都有大量分布，云南省和台湾省的部分地区有少量分布。

生活习性

乌鳢通常栖息于水草丛生、底泥细软的静水或微流水中。它们时常潜于水底层，以摆动其胸鳍来维持身体平衡。

食性特征

幼鱼主要摄食水生昆虫的幼虫、小鱼小虾等；成鱼则以各种小型鱼类和青蛙为捕食对象。

营养价值

乌鳢肉嫩味鲜，营养价值很高，是人们喜爱的上乘菜肴。乌鳢还有去瘀生新、滋补调养、健脾利水的保健功效。

捕食特点

乌鳢发现小鱼时，便隐蔽起来，等待对方放松警惕，游动至它的附近时，突然冲向前，一举咬住小鱼吞食。

知识链接

发展前景

由于种种原因，乌鳢的天然资源大幅减少，成为水产类中的稀有品。各地集市上的售价约为每公斤 50 元。

海洋鱼类

翻车鱼

翻车鱼，英美地区的人称其为海洋太阳鱼，西班牙人称其为月鱼，德国人称其为会游泳的头，日本人称其为曼波。

外形特征

翻车鱼的身体又圆又扁，像个大碟子。头小、嘴小，没有腹鳍，尾鳍退化，背鳍与臀鳍高大且相对。

食性特征

翻车鱼爱吃小鱼、海马、甲壳动物、胶质浮游生物和海藻，但它们最喜欢的食物还是月形水母。

生活习性

翻车鱼单独或成对游泳，有时十余尾成群。天气暖和时会将背鳍露出海面晒太阳，温度变低时则会用背鳍以翻筋斗的方式潜入海底。

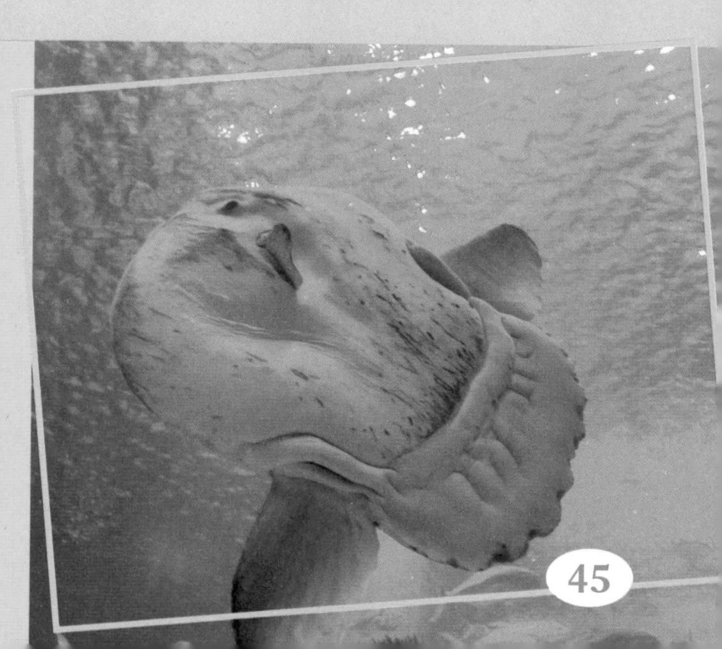

产卵冠军

翻车鱼是脊椎动物中的产卵冠军，一条长1.4米左右的雌鱼一次可产下3亿枚卵。

营养价值

翻车鱼是一种名贵的食用鱼类。它骨多肉少，但肉质鲜美，色白，营养价值高。其蛋白质含量比著名的鲳鱼和带鱼还高。

知识链接

月亮鱼

翻车鱼身上常附着许多发光生物，游动时，它身上的发光生物就会发光，远看如一轮明月，因此得名“月亮鱼”。

河 豚

河豚外形似“豚”，又常在河口一带活动。江浙人称其为河豚，山东人称其为艇巴，河北人叫它腊头，广东人叫它乖鱼，广西人叫它龟鱼。

形态结构

河豚身体呈圆筒形，鱼体光滑无鳞，背鳍与臀鳍相对，无腹鳍，尾鳍呈圆形或新月形，体色及花纹随种类的不同而异。

生性胆小

河豚生性胆小，遇敌害时会吸入水和空气，使胸腹部膨胀如球，浮于水面，以此威吓敌害或装死逃避敌害。

生活习性

河豚主要以贝类、甲壳类和幼鱼为食，觅食时眼球会不停地转动。受惊吓或攻击时，会发出“哧哧”“咕咕”声。

海中珍馐

河豚肉腴味美，鲜嫩无刺，蛋白质含量高达28.2%，是蜚声中外的名贵鱼类。民间素有“吃了河豚，百味不鲜”之说。

体内毒素

河豚体内含毒量在不同部位有差异。一般来说，卵巢含毒量最多，肝脏次之，血液、眼睛、鳃、皮肤也都含少许毒素。

知识链接

喜欢吃河豚的国家

世界上最流行吃河豚的国家是日本。日本每个大城市都有河豚餐厅，这里的厨师都经过严格的专业训练。

剑　鱼

剑鱼，也称"箭鱼"。因其上颌向前延伸呈剑状而得名。据说它的游速可达每小时130千米。

食性特征

剑鱼的食物包括金枪鱼、鲯鳅鱼、飞鱼、头足类动物和甲壳类动物等。

栖息环境

剑鱼是大洋性中上层暖水性洄游鱼种，夏季向偏冷海域进行索饵洄游，秋季向偏暖海域进行产卵和越冬洄游。

优越特性

剑鱼有独特的肌肉和棕色脂肪组织为大脑和眼睛提供温暖的血液，使它能够到达极度寒冷的海洋深处。

外形特征

剑鱼拥有典型的流线型身体，体表光滑，上颌长而尖，嘴较扁平，无腹鳍，大体颜色为棕偏黑色。

知识链接

上颌尖锐

剑鱼的上颌能将很厚的船底刺穿。英国伦敦博物馆保存着一块被剑鱼“长剑”刺穿的厚达50厘米的木制船底。

食用价值

剑鱼的鱼肉富含脂肪，并含有大量维生素、钾等营养物质。它的幼鱼肉质鲜美，可加盐制成鱼干，长期保存。

鲨 鱼

鲨鱼是海洋中最凶猛的一种鱼类。它的存在历史已经超过5亿年，而且在近亿年的时间里它们几乎没什么变化。

鱼类档案

成年体长	0.2米—18米
分布地区	热带、亚热带海洋
所属分类	软骨鱼纲

形态特征

鲨鱼身体坚硬，肌肉发达，呈纺锤形。吻部因种类而异，有尖的，也有大而圆的，尾鳍大致呈新月形。

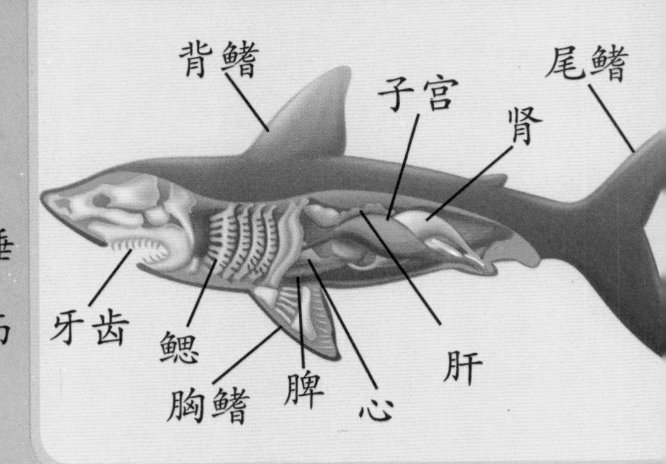

牙齿更换

鲨鱼的一生需更换上万颗牙齿。只要前排的牙齿因进食脱落，后排的牙齿便会补上。新的牙齿比旧的牙齿更大更耐用。

食性特征

鲨鱼是一种肉食性动物，它们的食物很杂，会捕食海狮、海豹、鲟、鳇、金枪鱼等。

游泳速度

鲨鱼游得很快，大白鲨可以以43千米的时速在海洋中穿梭，但它们只能在短时间内保持这种高速。

功效作用

鲨鱼肉性平，味甘、咸，有益气滋阴、补虚壮腰、行水化痰的功效。可用来治疗风湿性关节炎、干癣等疾病。

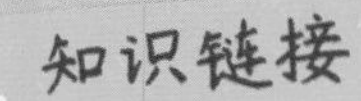

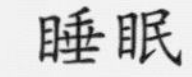

据佛罗里达自然历史博物馆的记载，白鳍鲨和虎鲨其实是需要睡觉的。它们通常白天睡觉，晚上出来活动。

蝠　鲼

蝠鲼是鳐鱼中最大的一种。因其在海中优雅飘逸的游姿与夜空中飞行的蝙蝠相仿，故得中文名——蝠鲼。

鱼类档案

成年体长	7米—8米
分布地区	热带、亚热带海域
所属分类	软骨鱼纲

形态特征

蝠鲼身体呈菱形，宽大平扁；吻端宽而横平；胸鳍长大肥厚如翼状；尾细长如鞭；口宽大，牙细而多。

取食特征

蝠鲼的头上有一对可以来回转动的头鳍，它们是蝠鲼重要的取食工具。蝠鲼常用它们把食物赶到嘴周围吃掉。

魔鬼鱼

蝠鲼在英语中叫作“魔鬼鱼”，主要是由于其形状吓人。由于肌肉硕大且有力，连最凶猛的鲨鱼也不敢袭击它。

“杂技”表演

在繁殖季节，蝠鲼常在海里旋转上升，跃出水面翻筋斗，可离水一人多高，落水时声如打炮，非常壮观。

游泳姿态

蝠鲼游泳的样子很特别，它会用力地扇动胸鳍，看上去就如同在水中翱翔，十分健美。

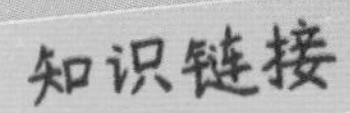

蝠鲼的恶作剧

蝠鲼有时用头鳍把自己挂在小船的锚链上，拖着小船飞快地在海上跑来跑去，使渔民误以为这是“魔鬼”在作怪。

比目鱼

比目鱼又叫獭目鱼、塔么鱼，两只眼睛长在一侧，长栖息在海底，以小鱼小虾为食。

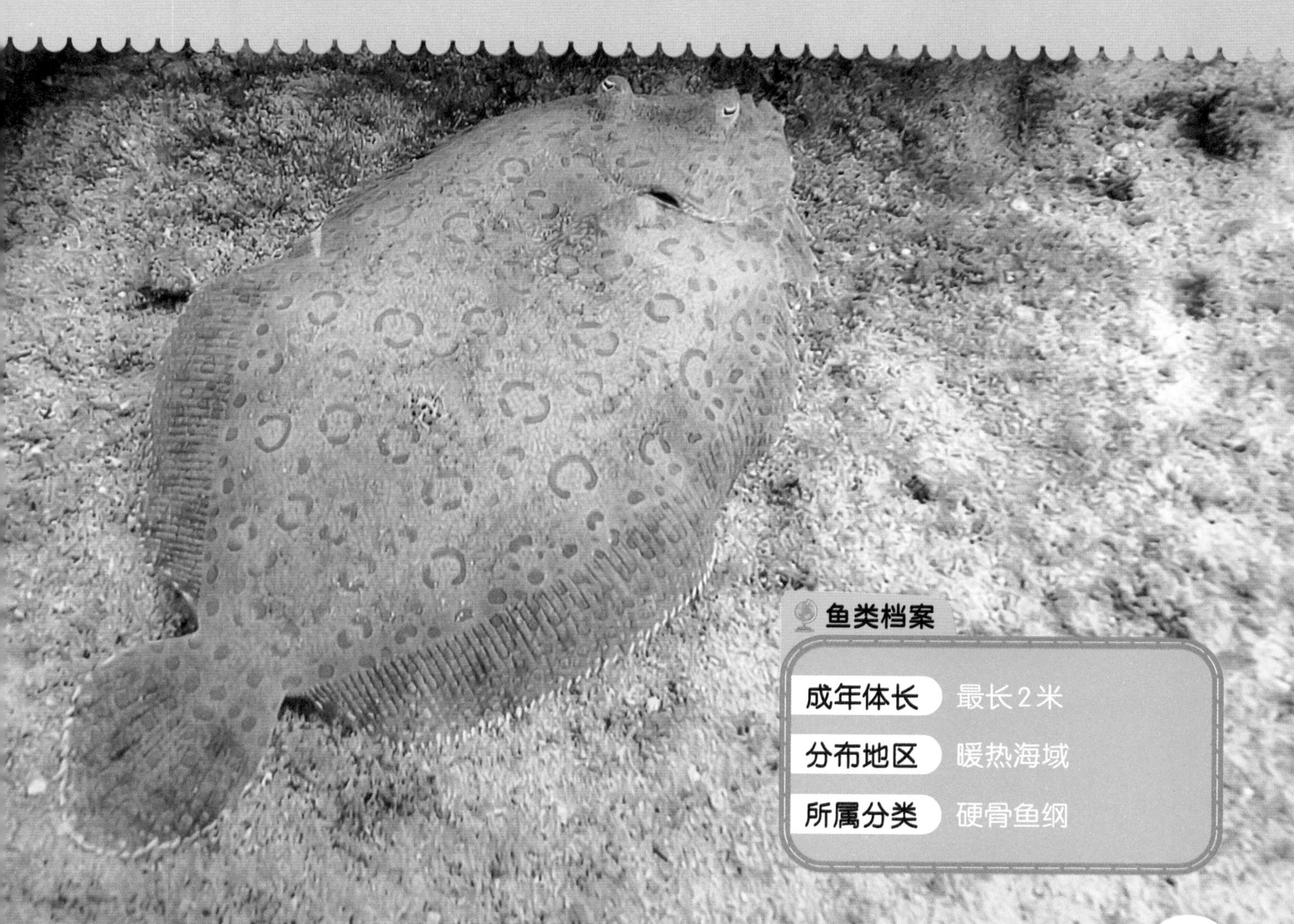

鱼类档案

成年体长	最长2米
分布地区	暖热海域
所属分类	硬骨鱼纲

外部形态

比目鱼体形扁平，身体表面有极细密的鳞片。比目鱼只有一条背鳍，从头部几乎延伸到尾鳍。

种群分类

比目鱼种类繁多，全世界有540余种，中国大约有120种，主要类别有鳒、鲆、鲽、鳎、舌鳎等，为经济鱼类。

体色特点

比目鱼双眼同在身体朝上的一侧，这一侧的颜色与周围环境配合得很好，它们身体朝下的一侧为白色。

左鲆右鲽

所谓“左鲆右鲽”，是指鲆类眼睛在身体左侧，鲽类眼睛在身体右侧。

营养价值

比目鱼鱼肉中富含蛋白质、维生素A、维生素D、钙、磷、钾等营养成分，还富含维生素B_6和大脑的主要组成成分DHA。

知识链接

诗中比目鱼

古人留下了许多吟诵比目鱼的佳句，如“凤凰双栖鱼比目”“得成比目何辞死，愿作鸳鸯不羡仙”等。

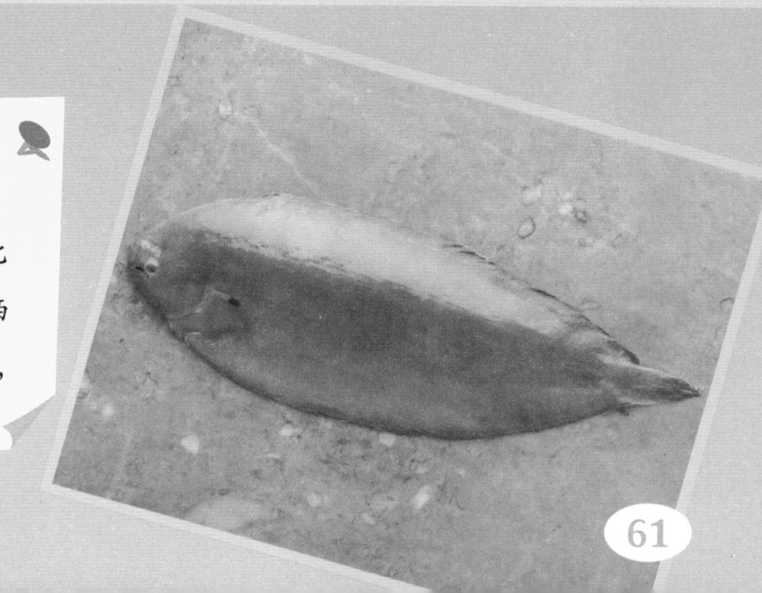

金枪鱼

金枪鱼经济价值很高。它在海鲜料理店中属于高级料理，不过目前它们的数量越来越少，这不得不让人担忧。

鱼类档案

成年体长	0.5米—4.6米
分布地区	低中纬度海域
所属分类	硬骨鱼纲

形态特征

金枪鱼体形较长，粗壮而圆，呈流线型，向后渐细尖，而尾基细长，尾鳍为叉状或新月形，通常有彩虹色的光芒和条纹。

体色差异

金枪鱼腹部的颜色比背部浅，这样既能够躲避空中和大海里的天敌，又能够巧妙地迷惑其他生物，以便于捕食。

一生游泳

金枪鱼的鳃肌已退化，因此必须不停地游动，使水流流过鳃部以获取氧气。若停止游动，就会因缺氧窒息而死。

种群意识

金枪鱼常成群地排着整齐的队列向前游动。体小的在前边，体大的在后边，最前边的是一条“领头鱼”。

营养价值

金枪鱼鱼肉中含人体所需的8种氨基酸，还含有维生素、多种矿物质和微量元素。

海　马

海马并不是马类，而是生活在海里的鱼类。因为它的头呈马头状而得名。

鱼类档案

成年体长	15厘米—30厘米
分布地区	大西洋、太平洋等海域
所属分类	硬骨鱼纲

形态特征

海马体侧扁，完全包于骨环中；嘴是尖尖的管形，不能张合；胸腹部凸出；尾部细长呈四棱形，尾端细尖。

捕食特点

海马朝猎物移动时，口鼻附近几乎没有水纹波动，所以能够偷偷地靠近猎物，成功将其捕食。

栖息方式

海马不善于游水，故而经常用尾部紧紧勾住珊瑚的枝节、海藻的叶片，将身体固定，防止被激流冲走。

食性特征

海马主要摄食小型甲壳动物，包括桡足类、蔓足类如藤壶幼体、虾类的幼体及成体等。

繁殖方式

海马不仅是雌性追求雄性，而且雌性的海马还会直接把卵产到雄性海马的育儿袋里，小海马就是由爸爸孵化出来的。

鳐　鱼

鳐鱼在我国各地俗称不一，舟山渔民称黄貂鳐叫黄虎，称何氏鳐叫猫猫花鱼，而胶东渔民则叫孔鳐为劳子鱼、老板鱼。

鱼类档案

成年体长	小鳐约0.5米，大鳐可达2.5米
分布地区	全世界大部分海域
所属分类	软骨鱼纲

外形特征

鳐鱼身体呈圆形或菱形，胸鳍宽大，由吻端扩伸到细长的尾根部。有些鳐鱼的尾巴上长着一条或几条毒刺。

身体游动

鳐鱼身体周围还长了一圈胸鳍，就像扇子一样。通过胸鳍波浪般的运动，鳐鱼能够在海中向前游动。

食性特征

鳐鱼主要靠嗅觉捕食。幼年鳐鱼以生活在海底的动物如蟹和龙虾等为食。长大以后，主要以猎捕乌贼等软体动物为食。

呼吸方式

鳐鱼卧在海底时会凭借特殊的闭口呼吸法避免吸入泥沙。呼吸时，通过头顶的管路吸入水然后通过腹面的腮裂流出。

电鳐

电鳐的头部两侧长着巨大的发电器官，能够产生200伏的电压，可以把猎物击昏或者把捕食者吓退。

知识链接

巨型鳐鱼

2012年，英国渔民捕获了一条长2.4米、宽1.8米左右、重101千克的鳐鱼。它还露出一个与微笑十分相似的滑稽表情。

石斑鱼

石斑鱼营养丰富，肉质细嫩洁白，类似鸡肉，素有“海鸡肉”之称。港澳地区把它列为中国四大名鱼之一。

鱼类档案

成年体长	20厘米—30厘米
分布地区	全世界大部分海域
所属分类	硬骨鱼纲

形态特征

石斑鱼身体呈椭圆形，稍侧扁；体表覆有小栉鳞；背鳍和臀鳍棘发达，尾鳍呈圆形或凹形；体色常呈褐色或红色，有条纹和斑点。

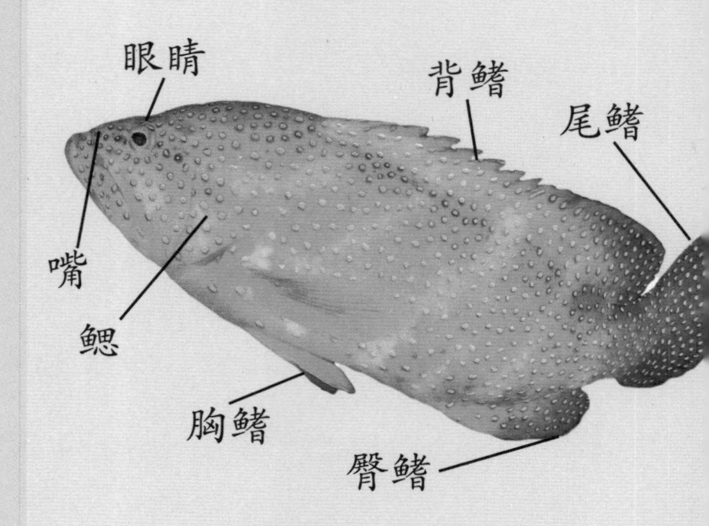

栖息环境

石斑鱼喜欢栖息在沿岸岛屿附近有岩礁、沙砾、珊瑚礁底质的海域。当水温发生改变时，它们也会随之改变栖息的水层。

生长过程

石斑鱼在它们还是鱼苗和幼鱼的时候生长较慢，然后会快速生长，之后又缓慢生长。

雌雄同体

石斑鱼首先发育成熟的是卵巢，雌性鱼出现。过一段时间后，成为雌雄同体鱼，最后演变成雄鱼。

食疗价值

石斑鱼经常捕食鱼、虾、蟹，同时会摄取虾、蟹所富含的虾青素，对人类来说，石斑鱼就成了含虾青素的食物。

知识链接

保护级别

在世界自然保护联盟“濒危物种红色名录”上，163种石斑鱼类，有20种面临灭绝，还有5种属濒危水平。

小丑鱼

小丑鱼因为脸上有白色条纹，好似京剧中的丑角而得名，它是一种热带咸水鱼。

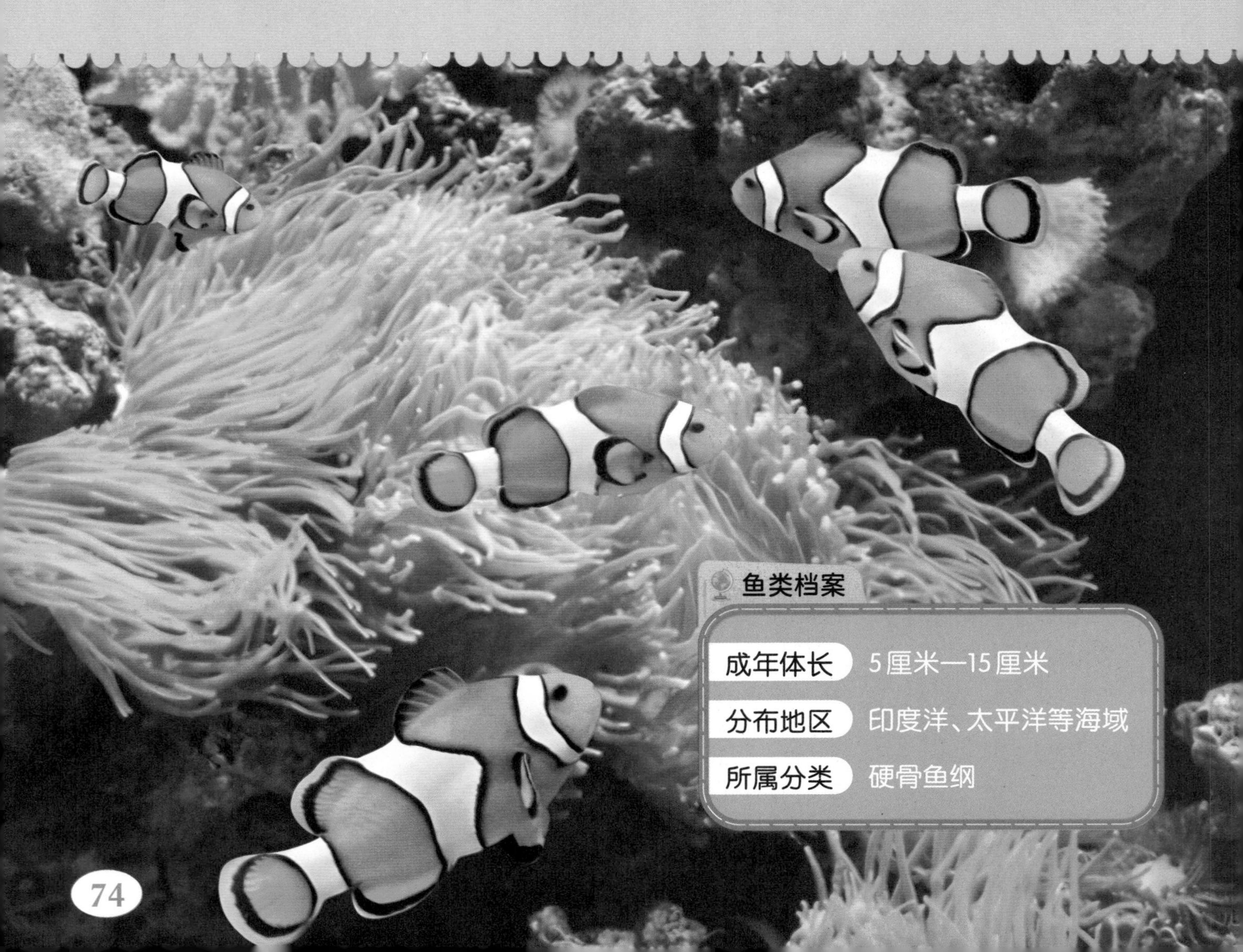

鱼类档案

成年体长	5厘米—15厘米
分布地区	印度洋、太平洋等海域
所属分类	硬骨鱼纲

外部形态

小丑鱼的前额与上侧面有白色的斑块，除透明的胸鳍与软背鳍鳍条的外部部分，所有的鳍都呈黑色。

生长过程

小丑鱼在海葵的触手中产卵，孵化后，幼鱼在水层中生活一段时间，才开始选择适合它们生长的海葵群共同生活。

领域观念

小丑鱼极具领域意识，通常一对雌雄鱼会独占一个海葵。如果是大型海葵，它们则会允许其他一些幼鱼加入。

共生关系

小丑鱼可除去海葵的坏死组织及寄生虫，同时它也可以借着身体在海葵触手间的摩擦，除去身体上的寄生虫或霉菌等。

海葵作用

海葵可使小丑鱼免受其他大鱼的攻击，为其提供剩余食物，其触手丛也可供小丑鱼安心地筑巢、产卵。

知识链接

人工喂养

人工喂养小丑鱼的食物较简单，颗粒料、碎虾肉或其他杂食性饵料均可，螺旋藻粉可使鱼的色彩更鲜艳。

沙丁鱼

每到冬天，大量的沙丁鱼从南向北迁徙，其后会跟随鲨鱼、海豚和其他捕食者，使得海面翻起无数的白色泡沫。

鱼类档案

成年体长	约15厘米—30厘米
分布地区	欧洲沿海、非洲沿海等
所属分类	硬骨鱼纲

种群分类

沙丁鱼是沙丁鱼属、小沙丁鱼属和拟沙丁鱼属及鲱科某些食用鱼类的统称，也指普通鲱及其他小型的鲱或鲱状鱼。

外形特征

沙丁鱼为细长的银色小鱼，身体侧扁平，背鳍短且仅有一条，无侧线，头部无鳞。背苍腹白。

栖息环境

沙丁鱼为近海暖水性鱼类。它们游速快，通常栖息于中上层海域，但秋冬季表层水温较低时则栖息于较深海域。

生态守护者

饥饿的沙丁鱼群能清除掉所在海域的浮游植物，可以减少有毒气体的产生，这为缓解全球变暖带来了深远影响。

多种用途

沙丁鱼主要是用来食用，鱼肉还可以用于制作动物饲料，鱼油可以用于制造油漆、颜料和油毡。

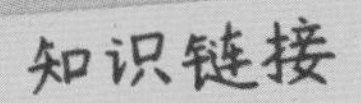

知识链接

聪明食品

沙丁鱼中富含的二十二碳六烯酸（DHA）能够提高人的智力，增强记忆力，因此沙丁鱼又被称为“聪明食品”。

黄花鱼

黄花鱼也称黄鱼，它们喜欢生活在东海之中，因鱼头中有两颗坚硬的石头，所以也叫石首鱼。

鱼类档案

成年体长	20厘米—50厘米
分布地区	黄海、东海、南海等
所属分类	硬骨鱼纲

分布范围

黄花鱼广泛分布于北起黄海南部，经东海、台湾海峡，南至南海雷州半岛以东范围的海域。

外形特点

黄花鱼体侧扁长，呈金黄色。大黄鱼尾柄细长，鳞片较小；小黄鱼尾柄较短，鳞片较大。

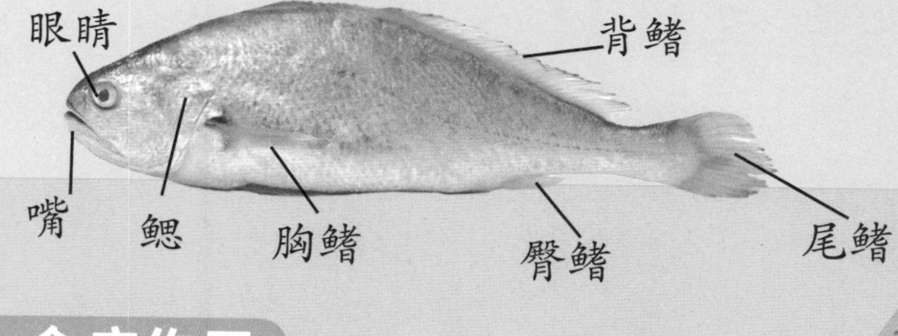

食疗作用

黄花鱼含有丰富的微量元素硒，能清除人体代谢产生的自由基，有提高免疫力、增强体质等功效。

鳕　鱼

鳕鱼分为大西洋鳕鱼、格陵兰鳕鱼、太平洋鳕鱼等，是全年捕捞量最大的鱼类之一，具有重要的食用和经济价值。

鱼类档案

成年体长	25厘米—50厘米
分布地区	大西洋、太平洋等海域
所属分类	硬骨鱼纲

主要出产国

鳕鱼主要出产国是加拿大、冰岛、挪威及俄罗斯，日本鳕鱼产地主要在北海道，中国鳕鱼产地主要在渤海、黄海和东海北部。

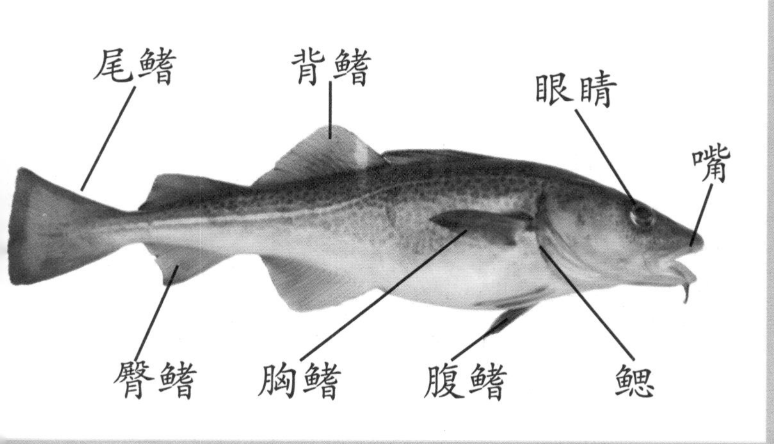

外形特征

鳕鱼身体修长，稍侧扁，头大，口大，身上有细小圆鳞，易脱落，侧线明显，各鳍均无硬棘，体色多样。

营养价值

鳕鱼中蛋白质含量很高，脂肪含量很低，除了富含普通鱼油所有的DHA、DPA外，还含有人体必需的多种维生素。

药用价值

鳕鱼具有活血止痛、疏肝理气的功效，可以有效缓解因淤血导致的四肢疼痛。

全身是宝

鳕鱼鳔胶可治疗咯血；鱼肉煮吃，可治便秘；鱼骨焙焦研粉调糊涂之可治脚气；鱼肉焙焦研粉可治损伤、淤血等。

蛤蟆鱼

蛤蟆鱼有一个动听的名字：琵琶鱼。这是因为它前半部平扁，呈盘状，向后逐渐尖细，犹如一把琵琶。

鱼类档案

成年体长	40厘米—60厘米
分布地区	大西洋、太平洋和印度洋
所属分类	硬骨鱼纲

发光灯笼

蛤蟆鱼头部上方有个肉状突出，形似小灯笼。小灯笼内有腺细胞，能分泌光素，与氧进行缓慢化学氧化从而发光。

独特背鳍

蛤蟆鱼的第一背鳍与一般鱼不同，由5—6根独立分离的鳍棘组成。前两根位于吻背部，其顶端有皮质穗。

捕食方式

蛤蟆鱼捕食时，鳍棘会像根钓竿向前伸出，不断甩动发光的小灯笼，引诱趋光性鱼虾，待猎物接近时，便突然猛咬吞食。

生存技巧

蛤蟆鱼除可适时变色适应环境外，其生存绝招还在于身上的斑点、条纹和饰穗，使它擅长潜伏捕食和逃避天敌追杀。

绝无仅有的配偶关系

蛤蟆鱼生长在黑暗的大海深处，雄鱼一旦遇到雌鱼，就会寄生在雌鱼身上。

主要价值

蛤蟆鱼的肉富含维生素A和维生素C及多种微量元素。其鱼肚、鱼子均是高营养食品，皮还可制胶。

三文鱼

三文鱼是世界范围内的经济食用鱼。它们有着“水中珍品”的美称，因为它们营养价值很高。

鱼类档案

成年体长	约60厘米
分布地区	大西洋、太平洋等海域
所属分类	硬骨鱼纲

形态特征

三文鱼体侧扁，背部隆起，齿尖锐，鳞片细小，银灰色，产卵期有橙色条纹。其肉质紧密鲜美，肉粉红色且有弹性。

生活习性

三文鱼为溯河洄游性鱼类，在河溪中生活1—5年，再入海生活2—4年。产卵期为8月至第二年1月。

艰难产卵

三文鱼溯河产卵洄游期间会跳跃小瀑布和小堤坝，经过长途跋涉，千辛万苦才能到达产卵场地，十分艰难。

营养价值

三文鱼中含有丰富的不饱和脂肪酸，经常食用能降低因心脏病死亡的概率。

重复产卵

三文鱼是可以多次繁殖的，即它们不会在产卵后死去，而是会回到海洋恢复体力后，来年再溯游入河重复产卵。

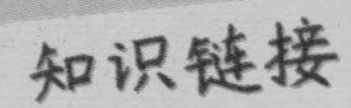

知识链接

强脑防衰

三文鱼所含的Ω–3脂肪酸是脑部、视网膜及神经系统所必需的物质，有增强脑功能、防止阿尔茨海默症和预防视力减退的功效。

旗　鱼

有一种短距离内游泳速度最快的鱼，名叫旗鱼，又称芭蕉鱼，属洄游性鱼类。

鱼类档案

成年体长	2米—3米
分布地区	热带和亚热带大洋
所属分类	硬骨鱼纲

外形特征

旗鱼身体钝圆强壮，呈纺锤形，尾柄宽，呈“八”字形分叉。尾鳍外缘平直。背鳍大于臀鳍，体色多变。

生活习性

旗鱼生性凶猛，常以鲹鱼、乌贼、秋刀鱼等为食。旗鱼游泳迅捷，攻击目标时，时速可达117千米，还可潜入800米深的水下。

名字的由来

旗鱼的第一背鳍又长又高，前端上缘凹陷，它们竖展时，仿佛是扬起的风帆，又像是扯起的旗帜，因而得名旗鱼。

游泳条件

旗鱼流线型的身体、能把水分开的长嘴巴、能收起来的背鳍，都减少了游动时水的阻力，这些都是它游速快的先天条件。

营养价值

旗鱼鱼肉中富含肌红蛋白、组氨酸、鹅肌肽等，咪唑化合物含量高，营养成分很高。在日本，旗鱼肉是寿司和生鱼片中的珍品。

知识链接

白旗鱼

白旗鱼到了冬季富含油脂，味道最鲜美。鱼肉切开断面颜色鲜艳，也因此被称为“南瓜肉”。

大马哈鱼

大马哈鱼历来被人们视为名贵鱼类。中国黑龙江省抚远市的黑龙江畔盛产大马哈鱼，是“大马哈鱼之乡”。

鱼类档案

成年体长	约60厘米
分布地区	北太平洋的东、西两岸
所属分类	硬骨鱼纲

形态特征

大马哈鱼体形侧扁，略似纺锤形；头后至背鳍基部前渐次隆起，背鳍起点是身体的最高点，从此向尾部渐低弯。

经济价值

大马哈鱼是名贵的大型经济鱼类。体大肥壮，肉味鲜美，可鲜食，也可腌制、熏制、加工成罐头等。

食性特征

大马哈鱼为凶猛的肉食性鱼类。幼鱼时吃底栖生物和水生昆虫，在海洋中主要以玉筋鱼和鲱鱼等小型鱼类为食。

江生海长

大马哈鱼都是在江河淡水中出生的，出生后却要游到海洋中生活，长大后又会千里迢迢地游回出生地产卵。

营养价值

大马哈鱼的鱼子比鱼肉更为珍贵，其色泽嫣红透明，宛如琥珀，营养价值极高。7粒大马哈鱼子就相当于一个鸡蛋的营养。

知识链接

棕熊美餐

每年的7月，大量的大马哈鱼要途经布鲁克斯河返回自己的产卵地。此时棕熊的捕鱼“狂欢节”也正式开始了。

海 龙

海龙不仅长相奇特，更有趣的是小海龙一直是由父亲孕育抚养保护长大的。

鱼类档案

成年体长	20厘米—40厘米
分布地区	太平洋、印度洋等海域
所属分类	硬骨鱼纲

外形特征

海龙全身呈长形且略扁，中部略粗，尾端渐细而略弯曲，头部有管状长嘴。身体没有鳞片，由褐色的环状骨板覆盖。

雅号得名

海龙雅号很多：因为像细长的树枝而叫杨枝鱼，像马鞭而叫马鞭鱼，像一串铜钱而叫“大海里的钱串子”。

捕食方式

海龙以微小的虾及海蚤为食，捕食时它会先倒着身体用嘴巴喷水把泥沙冲散，然后再捕食躲在沙里的小生物。

雄性育儿

雄海龙尾部腹面有左右两片皮褶形成的育儿袋，小海龙就在这里孵化长大。

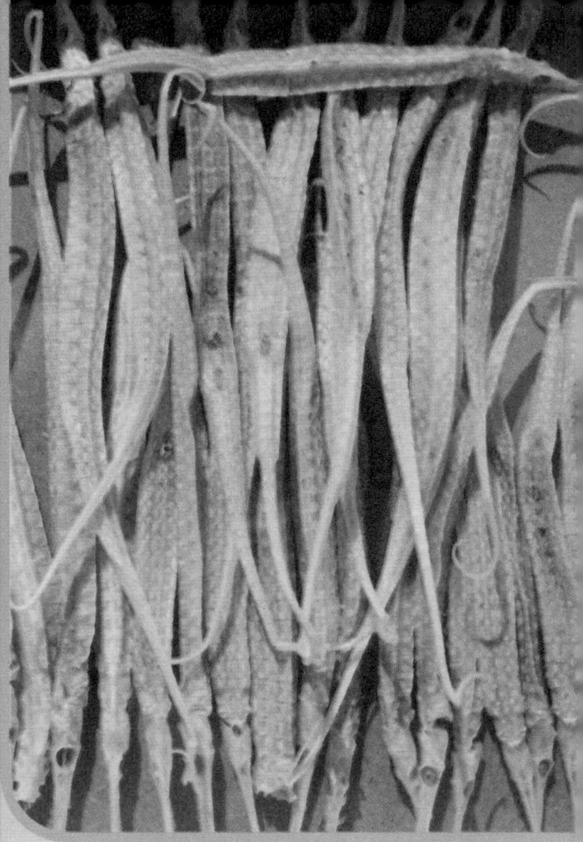

药用价值

海龙是一种名贵的药材，有安神、止痛、强心、健身、催产、散结消肿、舒筋活络、止咳平喘的疗效。

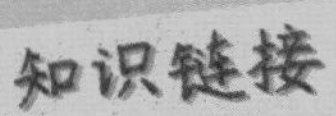

膏药疗效

用海龙制成的膏药不仅有温肾壮阳、活血止痛、利腰脊的功效，而且还能治疗妇女血亏、痛经等病症。

狮子鱼

狮子鱼多生活在温带靠海岸的岩礁或珊瑚附近，也有一部分生活于海洋深处，有极强的抗压能力。

外形特点

狮子鱼身体柔软，皮肤松弛，无鳞，有的长着小刺。背鳍长，腹鳍在头下，带吸盘，可吸附于海底。

弱点保护

狮子鱼的腹部没长刺棘，所以当它遇到危险或在休息时，就会用腹部的吸盘把自己紧紧地贴在岩壁上以寻求保护。

生活习性

狮子鱼大多栖息于岩礁或珊瑚丛中。常成对游泳，遇敌时，就侧身用有毒的背鳍鳍棘刺向对方。

慈父之心

雄性狮子鱼不仅会全力守护鱼卵使其不受伤害，还会在退潮时，把水喷吐到鱼卵上，保持孵化所必需的湿润。

美味佳肴

狮子鱼肉质鲜美，食用前将刺剔去，就不用担心中毒问题。它常见于巴哈马、多米尼加、墨西哥等国的餐馆。

弹涂鱼

在我国沿海生活着一种能够适应两栖生活的鱼，它既能在水中生活，也能短时间在陆地上生活，它就是弹涂鱼。

鱼类档案

成年体长	约10厘米
分布地区	西北太平洋
所属分类	硬骨鱼纲

外形特征

弹涂鱼体侧扁，背缘平直略侧扁，两眼跟蛙眼相似，视野开阔。它的皮肤布满血管，可直接与空气进行气体交换。

栖息环境

弹涂鱼经常集中生活在海域底部，栖息在洞穴之中。另外，有些弹涂鱼生活在河口附近，也就是咸淡水交汇地带。

两栖生活

弹涂鱼除了用鳃呼吸外，还可以凭借皮肤和口腔黏膜的呼吸作用摄取空气中的氧气，因而可短时间在陆地活动。

蝴蝶鱼

如果人们举办一场珊瑚礁鱼类选美大赛的话，那么蝴蝶鱼一定是当之无愧的佼佼者。

鱼类档案

成年体长	10厘米—20厘米
分布地区	印度洋、太平洋、大西洋等海域
所属分类	硬骨鱼纲

外形特征

蝴蝶鱼身体呈菱形或近椭圆形，且十分侧扁。体表覆盖中或小型的弱栉鳞或圆鳞。背鳍连续，尾鳍呈截形或圆形。

食性特征

不同品种的蝴蝶鱼食性差异较大，有的啄食礁岩缝隙里的小型无脊椎动物及藻类，有的捡食浮游动物，有的只吃活珊瑚中的水螅虫等。

生活习性

蝴蝶鱼是典型的日行性鱼类，它们通常白天出来活动，晚上便躲起来睡大觉。

自由变色

蝴蝶鱼的体表有很多色素细胞，它们受神经系统的控制，能够随意开合，并以此来改变体表的色彩。

栖息环境

蝴蝶鱼成鱼常出没于海草栖息地、深泥滩或浅水潟湖周围。而幼鱼常生活于潮汐湖、巨砾珊瑚礁及没有珊瑚的浅水。

忠于爱情

蝴蝶鱼对爱情十分专一，总是成双入对，无论是在珊瑚礁中游弋、玩耍，还是觅食，它们总是相伴相依。

麒麟鱼

麒麟鱼是潜水爱好者和野生动物摄影师非常宠爱的鱼类，因为它们外表美丽，色彩斑斓，是非常美丽的观赏鱼。

鱼类档案

成年体长	约10厘米
分布地区	太平洋等海域
所属分类	硬骨鱼纲

身体颜色

动物界中体内拥有蓝色素的很少，麒麟鱼就是其中的幸运儿。它拥有由橙色、黄色和蓝色打造的美丽外表。

生活习性

麒麟鱼生性害羞，喜欢栖身于受保护的礁湖和沿岸珊瑚礁。同时，它们喜欢在海底觅食，因此很难被发现。

食性特征

觅食中的麒麟鱼动作缓慢且小心谨慎，主要以小型甲壳类、无脊椎动物以及鱼卵为食。

求爱竞争

麒麟鱼中雌性数量极少，雄鱼间的竞争非常激烈。

幼鱼生活

麒麟鱼的幼鱼以浮游生物为食，它们在珊瑚礁找到一个舒适角落安顿下来后，便会一直生活在这里直至死去。

知识链接

不宜养殖

麒麟鱼不喜欢吃现成的食物，由于天生的觅食习惯无法被“复制”，水族馆中的麒麟鱼常以“饿死”的方式走向终结。

雀　鲷

雀鲷生活在热带海洋中，是一种十分美丽的鱼。其体形像鲷，却不属于鲷科。由于身躯很小，如麻雀般大，所以被称作雀鲷。

鱼类档案

成年体长	2厘米—10厘米
分布地区	热带暖海域
所属分类	硬骨鱼纲

外形特征

雀鲷类鱼体形小巧玲珑，色泽鲜艳，楚楚动人。头的每边有一个鼻孔，胸鳍前部有两根刺状鳍条。

生活习性

雀鲷生性活泼，行动敏捷，领域行为明显，进攻性强。部分种类以悬浮水生植物或小动物为食，另一些则为杂食性。

觅食特点

雀鲷通常在珊瑚礁周围寻食随波逐流的小动物，当一处食物缺乏之时，它们会游到远处的珊瑚礁，寻觅新的食宿之地。

特殊本领

雀鲷的胸鳍可以来回摇摆，就像船橹一样。胸鳍的摇摆可以使雀鲷更好地控制身体的姿态，同时控制前进的方向。

巧妙藏身

雀鲷中双锯鱼或宅泥鱼总是居于珊瑚礁海葵的触手间或其腔肠口。其他种类的保护伞是丛生的珊瑚缝隙或枝条。

知识链接

广泛养殖

雀鲷鱼类已成为内陆和远离珊瑚礁的海滨城市的水族馆、宾馆、酒店甚至家庭水族箱中很受欢迎的饲养品种。